後ろに
つづくよ！

## 春のおわりに、たねからめが出ます

▶ タンポポはどんなふうに、めを出すのでしょう？ **26ページ**

▶ しゅるいによって、めを出すのにちょうどよいおんどがちがいます。 **27ページ**

## 花がおわると、わた毛ができます

▶ 花がさきおわり、わた毛ができるまで、タンポポはたおれています。 **18ページ**

▶ わた毛ができるまでの間、花の中はどうなっているのでしょう？ **47ページ**

# タンポポのずかん

監修 小川 潔

金の星社

# もくじ

監修のことば ……………………………… 3
タンポポのひみつ ………………………… 4

## 第1章 タンポポの成長
タンポポってどんな花？ …………………… 6
いろいろなタンポポ ………………………… 8
つぼみが出てきた！ ………………………… 10
少しずつひらく花 …………………………… 12
毎日成長していく花 ………………………… 14
あちらこちらにタンポポ …………………… 16
くきは立ったりたおれたり ………………… 18
わた毛をとばすじゅんび …………………… 20
ふわふわのわた毛 …………………………… 22
わた毛のゆくえ ……………………………… 24
たねからめが出たよ ………………………… 26
小さな葉が出てきた ………………………… 28
はえる場しょのちがい ……………………… 30

## 第2章 花のひみつ
小さな花のあつまり ………………………… 32
小さい花も成長している …………………… 34
1日の花のうごきを見てみよう …………… 36

### ちょっとひといき
どんな虫がくるかな？ ……………………… 38
日本と外来のタンポポ ……………………… 40

### ちょっとひといき
日本のタンポポがへっていく？ …………… 42

### ちょっとひといき
かわったタンポポはっけん！ ……………… 44

## 第3章 わた毛のひみつ
わた毛の成長 ………………………………… 46
雨の日のわた毛 ……………………………… 48
たねをくらべよう …………………………… 49

### ちょっとひといき
たねを遠くにはこぶくふう ………………… 50

## 第4章 根・葉・くきのひみつ
タンポポをささえる根 ……………………… 56
こんなに大きいタンポポの根 ……………… 58
葉の形はいろいろ …………………………… 60
冬のタンポポ ………………………………… 62

### ちょっとひといき
光をたくさんあびるためのひみつ ………… 64
花のくきがからっぽなわけ ………………… 66

## 第5章 そだてよう！かんさつしよう！
タンポポをそだてよう！ …………………… 68
かんさつしてみよう！ ……………………… 70
かんさつしたことをまとめよう！ ………… 72
タンポポマップをつくろう！ ……………… 74

### ちょっとひといき
タンポポちょうさ …………………………… 76

さくいん ……………………………………… 78

# 監修のことば

　春に野外でタンポポの調査をしていると、「タンポポには外来種と在来種があって、このごろは外来種ばかりだよ」と通りすがりに説明してくれる人がときどきいます。それほど、タンポポはよく知られた植物です。ところが、夏や秋に野外で調査をしていると、「何をやっているのですか？」とよく言われます。「タンポポの調査です。」とこたえると、「こんな季節にタンポポがあるのですか？」という返事がきます。タンポポは身近な植物なのですが、春の花というイメージが強いためか、ほかの季節には見られない植物と思っている人がいるようです。

　日本では雑草としてあつかわれるタンポポですが、中国では「蒲公英」と書いて漢方薬の原料にされ、日本でも薬草としてあつかわれることがあります。また、ヨーロッパでは野菜としてサラダなどにして食べる地域もあり、明治時代に外国生まれの種類が日本に入ってきたとき、作物があまりとれないときに代わりに食べる植物に指定されたこともあります。

　タンポポは何年も生きる多年草ですが、多くのタンポポがたねから生まれたばかりの芽生えのときに死んでしまいます。また、昔から日本に生えていた種類の中には10年以上生きるタンポポもある一方、外国から持ちこまれた種類は数年で枯れてしまうことなど、一つ一つの植物を見続けていると、私たちが知っているタンポポとは少し違う植物の姿が見えてきます。

　この本では、分、時、日、月、季節、年といった時間の進みとともに起こるタンポポのいろいろな変化をあつかっています。その中にはふだん気づかずに見すごしているタンポポのおもしろい性質があるかもしれません。タンポポについて何か疑問にぶつかったとき、その答えをこの本で探すこともできますし、タンポポについてこの本で学んだあと、野外に出て実際の植物を観察したり、栽培して長い間記録をつけるなどすると、新しい発見が次つぎとあることでしょう。そんな発見を加えて、あなただけのタンポポ図鑑を作ってみてください。

東京学芸大学名誉教授

小川 潔

# タンポポのひみつ

春に花をさかせるタンポポ。わた毛をとばした後は、さむい冬をこして、またつぎの年の春に花をさかせます。何年も生きつづけ、なかまをふやしていくためのひみつが、タンポポにはたくさんかくされています。

わたしたちがよく目にしている、タンポポのすがた。どんなふうに花はさき、どんなふうにわた毛はひらくのだろう。

**花**

タンポポの花。ひとつの花のように見えるが、小さい花がたくさんあつまってできている。

**わた毛**

わた毛には、小さいたねがついている。風にのって、新しい場しょへと、とんでいき、そこでなかまをふやす。

**根**

タンポポをささえる根。土にかくれたタンポポの根には、たくさんのよう分がたくわえられている。

**葉**

地めんにはりつくように、葉をつけて、冬をこすタンポポ。

**くき**

花や、わた毛をつけるタンポポのくき。このくきは、「花けい」とよばれている。では、本当のくきはどこだろう?

# 第1章 タンポポの成長

わたしたちがふだん目にする
タンポポのすがたは、黄色い花や白いわた毛です。
タンポポの花がどのように成長するのか、
見たことがありますか？
そして、わた毛はどこへとんでいくのでしょうか？

# タンポポってどんな花？

## ヒマワリと同じなかま

タンポポは、夏にさくヒマワリや、秋にさくコスモスと同じなかまのしょくぶつです。キクや、ヒメジョオンなども同じなかまです。

道ばたや、原っぱ、公園、家のにわなど、いろいろなところにさいているみぢかな花、タンポポ。シロツメクサや、ハルジオンといっしょにさいているのをよく見かける、春の花のだいひょうです。

第1章

## むかしから親しまれているよ

今では、野の花として親しまれているタンポポですが、江戸時代には、花を楽しむために、いろいろな色や形のタンポポがそだてられていました。それぞれに、「青花」「紅花」「ふきづめ」「黒花」などと、名前がつけられていました。

青花

紅花としろたんぽ

ふきづめと黒花

### さらにくわしく

**なぜタンポポというのだろう？**

タンポポとよばれるようになったゆ来は、たくさんあります。江戸時代、タンポポのくきのりょうはしに切りこみを入れてそりかえらせ、「つづみ」という楽きの形にするあそびがありました。そのつづみをたたいて出る音が、"タン""ポポ"と聞こえ、タンポポになったというせつがあります。ほかにも、中国ではむかし、タンポポのことを「チンポポ」とよんでおり、それが「タンポポ」にだんだんとかわっていった、というせつもあります。

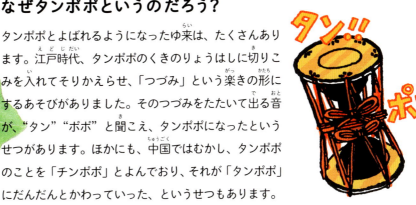

# いろいろなタンポポ

日本は、せかいの中でも、たくさんのしゅるいのタンポポがはえている地いきです。さらに日本の中でも、地いきによって、はえているタンポポがちがい、自分がすんでいる地いきにはえているタンポポは、ほかの地いきでは、はえていないということもあります。
日本のタンポポを地いきごとにしょうかいします。

🔴 さらにくわしく ...........................

## 日本の広い地いきにさいているタンポポ

### セイヨウタンポポ
明治時代に外国から日本にもちこまれたタンポポ。道ばたやあき地など、いろいろなところにはえている。

### キビシロタンポポ
中国地方の岡山県を中心にはえているタンポポ。花の色は、白っぽく、花の中心は黄色。

### シロバナタンポポ
花が白っぽい。九州地方を中心にはえているが、関東地方でもはえていることがある。

### モウコタンポポ
とてもめずらしいしゅるいのタンポポ。トウカイタンポポによくにている。

### カンサイタンポポ
関西から南の地いきにはえている。花が小さく、ほっそりとしている。

### タカネタンポポ
北海道の高い山にはえている。葉の切れこみがふかく、葉が細い。たいへん数が少ないタンポポ。

● 北海道　● 近畿地方
● 東北地方　● 中国地方
● 関東地方　● 四国地方
● 中部地方　● 九州地方

おもにはえている地いきをしめしています。

### ウスギタンポポ
東北地方などにはえていて、花が白っぽい。はたけや、原っぱなど、いろいろな場しょで見られる。

### エゾタンポポ
北海道や東北地方の平地や、中部地方の山にはえる。花のすぐ下のぶぶんが、花をつかむようにつく。

### カントウタンポポ
関東を中心にはえている。よく見かける、セイヨウタンポポよりも、花が大きめ。

### トウカイタンポポ
東海地方でよく見ることができる。花のすぐ下のぶぶんが大きく、先のとげのようなふくらみが目立つ。

### ミヤマタンポポ
中部地方の高い山の上で見つけることができる。花のすぐ下のぶぶんが、くらいみどり色。

### シナノタンポポ
関東地方の山や、中部地方の平地にはえているタンポポ。花は、エゾタンポポとよくにている。

第1章

# つぼみが出てきた！

春になってあたたかくなると、タンポポは、かつどうをはじめます。
タンポポをま上から見てみると、葉のつけ根に、丸く小さいつぼみを
見つけることができます。つぼみが大きくなるにつれ、
つぼみのくきが、だんだん上にのびていきます。

タンポポの
まん中から
つぼみが
出てくる。

### さらにくわしく

## つぼみはどこでそだつのかな？

葉のつけ根のすぐ下あたりには、「花め」とよばれる、花のつぼみになる前のものが、いくつもうまっています。タンポポは、さいている花がしぼんでも、つぎからつぎへと、この花めをのばして、花をさかせていくのです。

葉のつけ根のすぐ下を、半分に切ったようす。

## ぐんぐんのびる

タンポポのつぼみがついたくきの長さは、きせつや、そだつ場しょによってちがいます。春のはじめでは、くきは、1日にだいたい2センチメートルずつ、のびていきます。花がさきおわってしぼむと、くきの成長はいったん止まります。

1センチメートル → 3センチメートル → 5センチメートル

# 少しずつひらく花

つぼみが出てから、やく1週間後、
つぼみの先に黄色い花びらが見えてきたら、花がさきはじめます。
タンポポの花は、外がわからだんだんひらいていきます。

## 花がひらくようすを見ていこう

➊ まだ、つぼみはとじているが、つぼみの先に黄色い花びらが見えている。

➋ とじていたつぼみの外がわが、少しひらきはじめる。

### さらにくわしく

**どうしてせがのびる？**
花がひらいた後のタンポポは、まるで空にむかって、せのびをしているように見えます。虫に見つけてもらいやすくして、たねをつくるのにひつような、花ふんをはこんでもらうためという考えなどがありますが、本当の理ゆうはよくわかっていません。

**3**

花の外がわぜんたいが
ひらいていく。

**4**

ひらきはじめてから、
やく4時間後、花をつつんでいた
みどり色のぶぶんはそりかえり、
花の外がわがすっかりひらく。

# 毎日成長していく花

タンポポの花は、3日間しかさいていません。つぼみから花がひらいたさいしょの日は、花の中心ぶぶんはまださいていません。
2日目、3目目と、時間をかけて、ぜんぶさきます。

**2日目** 外がわの花はさいているが、中心の花はまださいていない。

**1日目** 一ぶをのこして外がわの花がすっかりさいてきた。

## さらにくわしく

### ひとつのかぶで成長がちがう

タンポポは、数日の間に、根元からつぎつぎにつぼみを出していきます。そのため、それぞれの花がひらく日に、ちがいができます。ひとつのかぶのタンポポをよく見てみると、花びらがぜんぶひらいているものもあれば、まだひらききっていないものもあります。

ひとつのかぶに、大きさのちがう花がついている。

第1章

**3日目**

すべての花がさいた。
1日目とくらべると、
花の大きさがちがう。

**4日目**

花がしぼんでひらかない。
この後、タンポポはわた毛を
つけるじゅんびに入る。

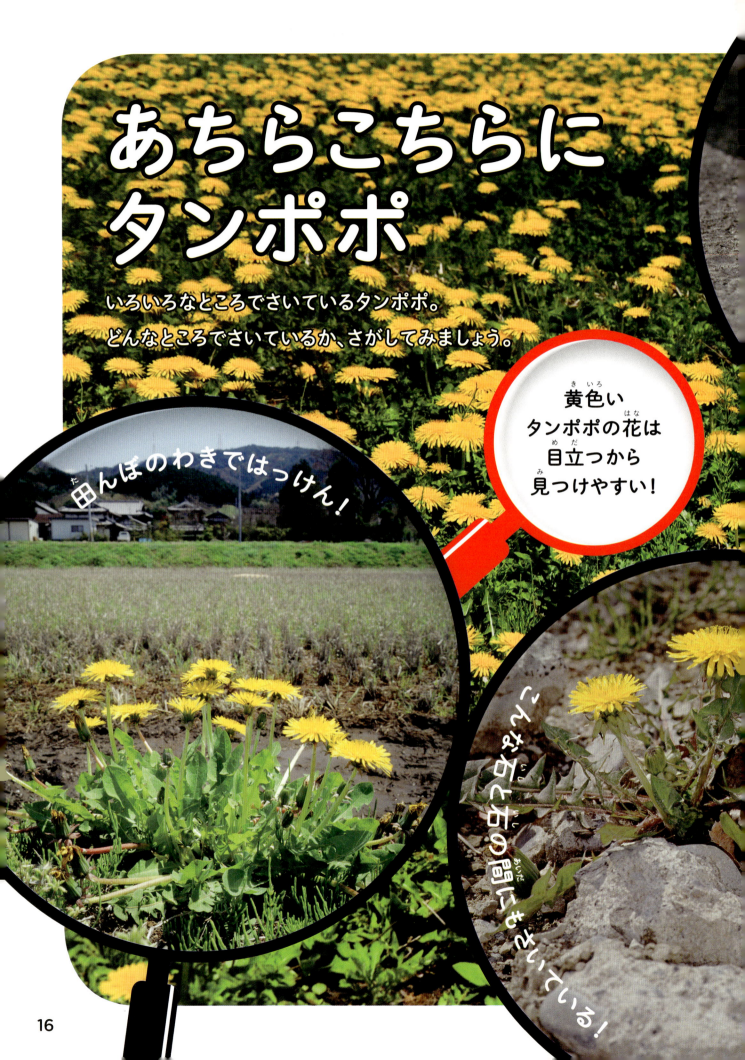

# あちらこちらにタンポポ

いろいろなところでさいているタンポポ。
どんなところでさいているか、さがしてみましょう。

黄色いタンポポの花は目立つから見つけやすい！

田んぼのわきではっけん！

こんなところ石の間にもさいている！

# くきは立ったりたおれたり

地めんから1本、空にむかってのびているタンポポのくき。
これは「花けい」とよばれるくきです。
この花けいは、葉はつけず、花だけをつけます。

## 花がさきおわるとたおれる

タンポポは花がさきおわると、花けいは地めんにたおれます。タンポポのしぼんだ花と、たおれた花けいは、かれているように見えます。しかし、たおれている間も花けいを通して、根や葉から、花によう分をおくり、たねをそだてています。

### さきおわったときの花のぶぶん

さきおわって、たおれてすぐのタンポポの花を見てみましょう。しぼんだ花の先には、花びらがまだのこっています。花の中のたねは、まだじゅくしていないじょうたいです。

### たおれてから1週間ほどたった花のぶぶん

わた毛がひらく直前の花のぶぶんです。先から白いわた毛が見えています。中のたねは、さきおわってすぐのときよりも成長しており、少しふくらんでいます。

## また立ちあがる

花けいは、花がさきおわって、数日の間、地めんにたおれこみます。その後、やく2週間かけて、だんだんと立ちあがっていきます。

地めんにたおれたタンポポ

左にうごいて…

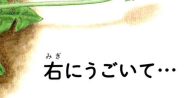

右にうごいて…

やく2週間後に立ちあがる

> **どんなふうに立ちあがるかな?**
> 一どたおれた花けいが、どのように立ちあがっていくか、かんさつしましょう。花けいは、まっすぐ上に立ちあがらずに、頭を右や左に少しずつふりながら、立ちあがります。

第1章

# わた毛をとばすじゅんび

花がさきおわった後、いったんたおれたくきは、わた毛がふくらむころに、また立ちあがります。くきが立ちあがると、わた毛をつつんでいたかわのぶぶんから、少しずつ、白いわた毛が顔を出しはじめます。

**1** 先から、白いわた毛が見えている。

**2** だんだんと先がほころびはじめる。

**3** わた毛をつつんでいたかわのぶぶんがそりかえり、中のわた毛がひらいてくる。

さぁ、わた毛を
とばすぞ！

第1章

④

ふわふわのわた毛の
ボールになった。

**花よりも高く
のびたわた毛**
立ちあがったくきは、花がさ
いていたときよりも、高くの
びています。風をうけやすく
して、わた毛を遠くまでとば
すためと考えられています。

# ふわふわのわた毛

風にのって
とんでいくよ！

## わた毛の形にもひみつが！

タンポポのわた毛の、毛と毛の間にあるすきまは、わた毛が風にのってはこばれるための、しくみのひとつといわれています。このすきまがあることで、ちょうどよく風が通りぬけ、あんていして遠くへたねをはこぶことができると考えられています。

ふんわりとひらいたタンポポのわた毛は
風にのり、ふわふわと、どこかへとんでいきます。
どこへとんでいくのでしょう。

## たねはタンポポの実

わたしたちが、タンポポのたねとよんでいるぶぶんは、タンポポの実です。かわいているので、実のようには見えませんが、ひょうめんのうすいかわをはがすと、その中に本当のたねがあります。

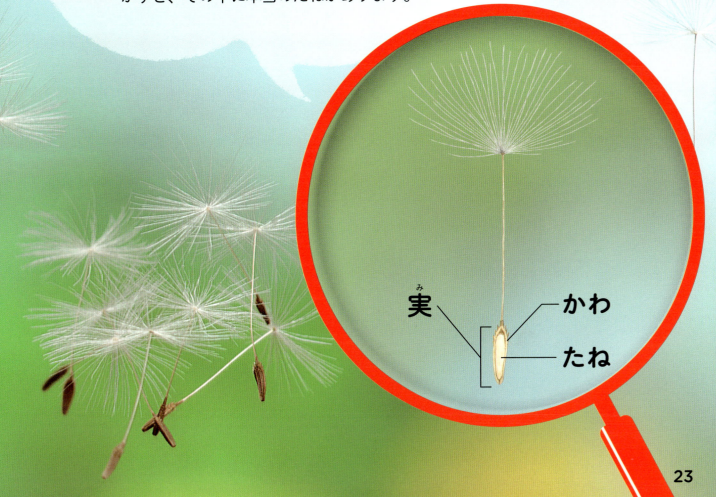

実　かわ　たね

# わた毛のゆくえ

風にとばされたわた毛は、土の上におちれば、そこで新しいめを出すことができます。しかし中には、水やコンクリートなど、土ではない場しょにおちてしまうものもあります。

ぶじに土の上におちたタンポポのたね。ここで新しいめを出します。

クモのすに、引っかかってしまったたね。このままかわいて、かれてしまいます。うんよくクモのすからはずれることができたら、クモのすの下の地めんにおちます。

クモのすに引っかかると…

アリに見つかると…

秋になるとよく見られるクロナガアリに見つかったたねは、すにはこばれて、アリの食べものになってしまいます。

コンクリートの上におちると、根をのばすことができず、そのままかれてしまいます。しかし、コンクリートのすきまに、少しでも土があればそこに根をはり、めを出そうとします。

第1章

**コンクリートにおちると…**

**水べにおちると…**

水の上におちると、そのままながされていってしまいます。

**はい水かんにおちたわた毛**

わた毛は、こんなところにおちてしまうこともあります。風にふかれたわた毛は、どこにとんでいくかわかりません。

**めが出てきた！**

しかし、こんな場しょでも、たねからめを出すこともあります。タンポポのたねの、力強さをかんじられます。

25

# たねからめが出たよ

タンポポのたねから、めが出るところを見たことはありますか？
たねは小さいため、気づかないかもしれませんが、小さくても、
しっかりと、めや葉を出し、根をのばして成長していくのです。
さあ、タンポポのめばえを見ていきましょう。

タンポポのたねは、土の上におちると、まずは土の中に根をのばす。その後に、じくがのびて、めが出る。

# いつごろめが出るのかな？

タンポポには、日本にもともとはえていたタンポポと、セイヨウタンポポなどの外国から来たタンポポがあります。日本のタンポポのたねは、夏の間、休むため、たねができてからめを出すまでに、やく半年かかります。外国から来たタンポポのたねは、5日ほどでめを出します。

外国から来たタンポポのほうが、めを出すのが早いんだね。

第1章

めの先がひらいて、葉が2まいむかいあっている。このはじめに出る葉を「子葉」という。

土の中にはった根が、水分をすいあげ、大きくなる。

## めばえとおんどのかんけい

日本のタンポポでは、6どから17どあたりが、めを出すのに、ちょうどよいおんどといわれています。春に花をさかせ、たねをつくった後、めを出すのにちょうどよいおんどの、秋にめを出すのです。外国から来たタンポポは、20どと少しあつくても、めを出すことができるので、春から秋まで、さまざまなきせつにめを出します。

### さらにくわしく

**夏のあつさはきけん！**

セイヨウタンポポの中には、夏がはじまる前にめを出して、夏のうちに、めがかれてしまうものもあります。日本のタンポポは、夏にかれてしまわないように、秋にめを出すのかもしれません。

# 小さな葉が出てきた

さいしょは小さな子葉だけですが、1まい目、2まい目、3まい目とだんだん大きな葉が出てきます。そして、1まいごとに、ふだんよく見る、ギザギザした形のタンポポの葉に近づいていきます。

## はじめは小さなタンポポ

めを出した後すぐは、成長していくためのよう分が少ないので、葉を少ししかつけません。日本のタンポポは、めを出したさいしょの1年はまだ小さく、その後、何年もかけて大きく成長していきます。一方、外来のタンポポは、1年目から大きく成長します。

### さいしょに出るのは、丸い葉
たねからさいしょに出る葉は、子葉といい、根や葉を出すためのよう分がたくわえられています。タンポポが成長していくと、子葉はちぢんでいき、よう分をつかいおわるとかれて、土の上におちます。

### ちがう形の葉
子葉がおちた後は、切れこみがほとんどなく、葉のふちに、とげのようなとっきをもつ、小さな葉が出てきます。

🟥 さらにくわしく

### 2しゅるいの葉

タンポポだけでなく、ほかのしょくぶつでも、さいしょに出てくる葉のことを、子葉といいます。子葉は、丸くてつるつるとした葉が2まい出るものや、先がとがった葉が1まいだけ出るものなどがあり、しょくぶつのしゅるいによって、形や数がちがいます。その後、子葉とは形がちがう葉が出てきます。葉では、しょくぶつが生きていくためのよう分がつくられます。

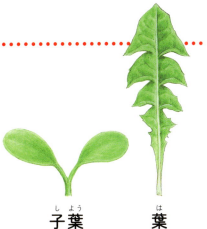

子葉　　葉

**よく見る、ギザギザしたタンポポの葉になった！**

### ギザギザの葉

最初のころの葉は、ふちに小さなとっきがあるだけですが、その後、新しい葉が出るたびに、切れこみがふかい葉をつけていきます。

# はえる場しょのちがい

外来のタンポポは、ほかのしょくぶつがあまりそだたないような、あれた場しょでも、はえていることがあります。日本のタンポポは、みどりがゆたかな場しょに、よくはえています。

### きせつをずらして成長する日本のタンポポ

日本のタンポポは、おもに秋になってからめを出して成長します。そのころ、夏に元気だったしょくぶつはかれていきます。そのため、しょくぶつが多い場しょでも、ほかのしょくぶつに太ようの光をさえぎられることがないので、葉でよう分をつくって成長することができるのです。

日本のタンポポがよくはえている場しょ

外来のタンポポがよくはえている場しょ

### あいた場しょにはえる外来のタンポポ

ほかのしょくぶつが元気にそだつ場しょでめを出すと、太ようの光をさえぎられてしまいます。しかし、ほかのしょくぶつがそだたないような場しょでなら、きょうそうあい手がいないため、太ようの光をたくさんあびて、よう分をつくることができます。外来のタンポポは、そういった場しょにはえることで、大きく成長していくことができるのです。

# 第2章 花のひみつ

春になるとあちらこちらに、黄色く目立つ花をさかせるタンポポ。いつも同じにさいているように見えますが、毎日かんさつしてみると、じつは1日ごとにすがたをかえているのです。よく目を近づけてみると、小さな花にかくされた、さまざまなひみつが見えてきます。

# 小さな花のあつまり

タンポポは、たくさんの花びらがついた、ひとつの花に見えます。でも、じつは、花びらひとつひとつが小さな花なのです。タンポポの花は、小さな花のあつまりというわけです。この小さな花は、「小花」といい、小さな花があつまってできた花のぜんたいを、「頭じょう花」といいます。

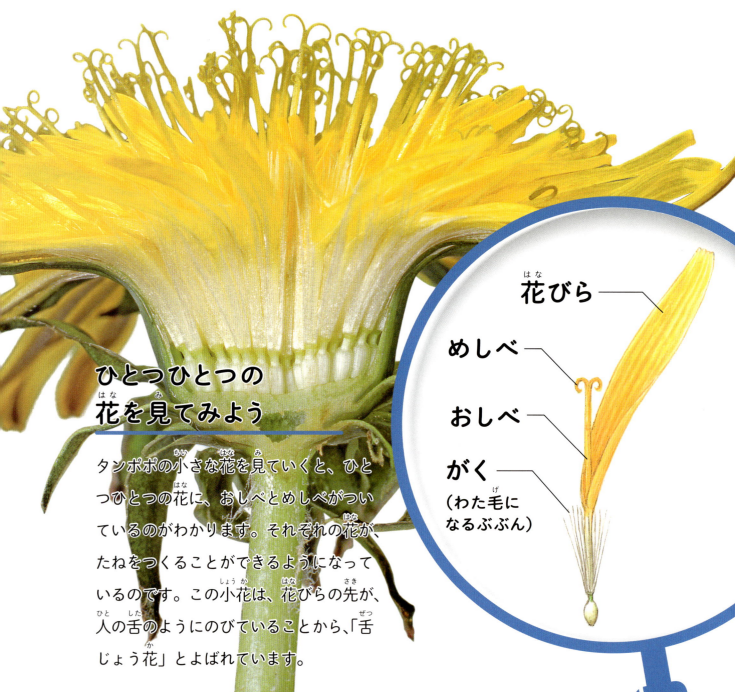

## ひとつひとつの花を見てみよう

タンポポの小さな花を見ていくと、ひとつひとつの花に、おしべとめしべがついているのがわかります。それぞれの花が、たねをつくることができるようになっているのです。この小花は、花びらの先が、人の舌のようにのびていることから、「舌じょう花」とよばれています。

- 花びら
- めしべ
- おしべ
- がく（わた毛になるぶぶん）

# 花の数は100以上

第2章

タンポポの花は、やく100から200の花があつまってできています。花の数は、タンポポのしゅるいによってちがいます。外来のセイヨウタンポポは、200近くの花があつまってできています。日本のカンサイタンポポでは、やく80の花があつまってできており、セイヨウタンポポにくらべ、花の数は少なくなっています。

### さらにくわしく

**同じつくりの花をしらべよう**

小さな花があつまってできている花のつくりは、タンポポやヒマワリやキクなど、キク科のしょくぶつのとくちょうです。タンポポのほかには、どんな花がタンポポと同じつくりをしているか、しらべてみましょう。

キク　コスモス　ノアザミ

# 小さい花も成長している

小花の成長を見ていきましょう。小さくても、おしべとめしべがあり、たねをつくるためのつくりはそろっています。つぼみのときと、まんかいになったときでは、おしべとめしべに、ちがいがあります。

つぼみのときの小花には、めしべは見えない。

花がひらきはじめると、おしべにかくれていためしべが見えてくる。

> **さらにくわしく**
>
> ## 花ふんをつくるタンポポとつくらないタンポポ
>
> ほとんどの花は、おしべの中で、花ふんとよばれる、とても小さなつぶをつくります。タンポポのめしべの先についているつぶは、この花ふんです。日本のタンポポの多くは、花ふんをほかのタンポポと交かんしてたねをつくり、なかまをふやします。しかし、外来のタンポポや日本のタンポポの一ぶには、花ふんをつくらないものや、花ふんを交かんしないで、たねをつくるしゅるいもあります。
> 花ふんをつくらないと、花ふんをつくるためによう分をつかうひつようがなく、また、ほかのタンポポが近くになくても、自分だけでたねをつくることができるので、なかまをふやすのにべんりです。
>
>
>
> 花ふんがついている、タンポポのめしべの先。

めしべがのびて、やがて、めしべの先は2つにわかれる。

小花がひらききるころになると、めしべの先はまるまっている。

# 1日の花のうごきを見てみよう

太ようがのぼりはじめたころ、まだ、つぼみ。

午前6時

気おんが高くなると、花はひらく。

午前11時

## 花がひらくのにひつようなもの

タンポポの花のうごきには、太ようの光と気おんが、かんけいしているといわれています。晴れた日、太ようの光がさしこんで、気おんが15どから25どであれば花はひらきます。しかし、晴れていても気おんがひくい日や、気おんが高くても、くもっている日は、ひらきません。また、タンポポの花が、さいてから何日目かということも、花がひらいたりとじたりするうごきにかんけいします。花がさいた1日目は、花がひらくために太ようの光がひつようですが、2日目は、く

タンポポの花は、太ようが出ているときはひらいていますが、しずむととじてしまいます。1日の花のうごきを見ていきましょう。

第2章

午後5時

くもったり夕方になったりして太ようがかげると、花はとじはじめる。

夜になり、太ようがしずむと、タンポポの花はかんぜんにとじる。

午後7時

もっていても、気おんが高ければ花はひらきます。そして、3日目になると、太ようの光も気おんもあまりかんけいなく、花がひらくことがあります。タンポポの花のうごきには、わからないことがまだたくさんあります。

タンポポの花が、ひらいたりとじたりするうごきにひつようなじょうけんは、ふくざつです。

**ちょっとひといき**

# どんな虫が来るかな？

春になり、いろいろなしょくぶつの花がさくころになると、花ふんや花のみつをもとめて、ミツバチやチョウなどの虫があつまってきます。タンポポの花にも、いろいろな虫がやってきます。

## ハナアブ

ハナアブの口の先は、花のみつをなめられるような形をしています。みつをなめている間に、花ふんが体にたくさんくっつきます。そして、花から花へととびまわり、花ふんをほかの花にとどけ、新しいたねをつくる手だすけをしています。

## ミツバチ

長い口で、花のおくにあるみつをすうことができます。ミツバチは、みつをおなかにためて、すにはこびます。

## モンシロチョウ

長いストローのような口で、花のみつをすうモンシロチョウ。この口のおかげで、花のおくにあるみつを、すうことができます。

## タンポポと虫のたすけあい

コガネムシや、キリギリスのよう虫は、新しいたねをつくるのにひつような、花ふんやおしべ、めしべを食べてしまいます。しかし、食べられたとしても、それは、たくさんある小花のうちの少しで、のこったほかの小花で、たねをつくります。虫が花や花ふんを食べても、体についた花ふんをほかの花にはこびます。タンポポと虫のたすけあいが見られます。

キリギリスのよう虫は、タンポポのたねも食べるんだね！

### アゲハ

モンシロチョウと同じく、長いストローのような口でみつをすいます。すっている間も、はねをうごかしつづけます。

### コアオハナムグリ

花の中にもぐるようにして、ブラシのような口でみつをすいます。コアオハナムグリは、みつをすうだけでなく、花ふんも食べます。

# 日本と外来のタンポポ

ふだんよく見かけるタンポポの多くは、外国から来たセイヨウタンポポです。日本にもともとはえていたタンポポとにているため、同じしゅるいのタンポポのように見えます。しかし、花がさく前につぼみをつつんでいた「そうほうへん」とよばれる、かわの形で、見わけることができます。

日本のタンポポは、そうほうへんがそりかえらず、内がわと外がわのそうほうへんが、くっついている。

見わけて

## 日本のタンポポ

よく見られる日本のタンポポ

**カントウタンポポ**
関東でよく見かけるタンポポ。そうほうへんの先が出ている。

**カンサイタンポポ**
そうほうへんの先の出っぱりがカントウタンポポより小さい。

※外国から来たタンポポは「外来のタンポポ」とよびます。

### さらにくわしく

## そうほうへんの形はさまざま

さいきんは、外来のタンポポと日本のタンポポの「ざっしゅ」がふえてきたため、そうほうへんの形もいろいろあります。

ななめ上にむかって広がっている。

よこむきにそっている。

ななめ下にそりかえっている。

第2章

そうほうへんの先についている出っぱりは、しゅるいによってちがうよ。

みよう！

外来のタンポポは、そうほうへんの外がわが、下にそりかえっている。

## 外来のタンポポ

よく見かける外来のタンポポ

**セイヨウタンポポ**
そうほうへんがそりかえっていて、たねが茶色。

**アカミタンポポ**
そうほうへんがそりかえっていて、たねが赤黒い。

41

### ちょっとひといき
# 日本のタンポポがへっていく？

日本に入ってきてから、そだつ場しょをふやしていった外来のタンポポ。町では、外来のタンポポのほうが見つけやすくなりました。日本のタンポポもはえていますが、その数はむかしにくらべ少なくなっています。

## 今よりも日本のタンポポがのこっていたころ

右の地図は、1970年代に、関西地方にはえているタンポポの、しゅるいとわりあいをしらべたものです。大阪市などの、町のかいはつがすすんでいる場しょでは、外来のタンポポが多くはえています。しかし、そのほかの場しょでは、日本のタンポポのほうが多かったようです。

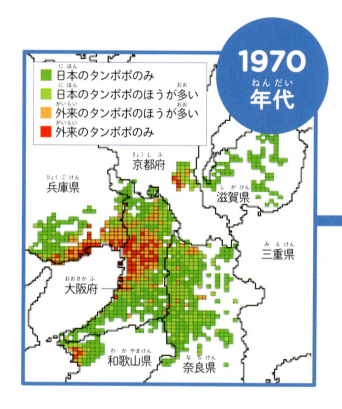

**1970年代**

- 日本のタンポポのみ
- 日本のタンポポのほうが多い
- 外来のタンポポのほうが多い
- 外来のタンポポのみ

兵庫県／京都府／滋賀県／三重県／大阪府／和歌山県／奈良県

**むかし** → **今**

## かわっていくかんきょう

日本で外来のタンポポがふえたのは、日本のタンポポがもともとはえていた場しょが、かいはつされたためです。日本のタンポポや、そのほかのしょくぶつがいなくなり、あいた土地に、ひとりでふえることができる外来のタンポポが入りこみ、広がっていったからです。

### さらにくわしく

## 日本のタンポポと外来のタンポポがいっしょにはえている場しょ

くだものをそだてるはたけなどは、草かりを行うので、せの高いしょくぶつがなく、太ようの光がさします。はたけはタンポポにとって、そだちやすいかんきょうです。そのため、日本のタンポポと外来のタンポポが、いっしょにそだつことができます。

## そだつ場しょを広げた外来のタンポポ

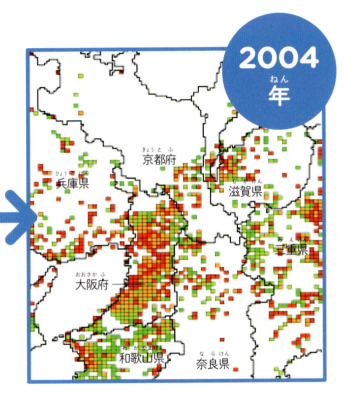

2004年

1970年代と、2004年に、同じ地いきでタンポポのわりあいをしらべた地図を見ると、外来のタンポポのほうが、むかしにくらべてふえているのがわかります。1970年代にしらべたときには、日本のタンポポのほうが多かった場しょでも、2004年では、外来のタンポポのほうが多くなっています。

## 外来のタンポポが、そだつ場しょを広げることができたわけ

もともと、しょくぶつは、長い時間をかけて、そだつ場しょを広げていくものでした。しかし、ひこうきや船などの乗りもののはったつにより、人やものにくっついて、しょくぶつのたねが遠くにはこばれるようになりました。また、外来のタンポポは、ほかのタンポポの花ふんがなくても、自分ひとりでたねをつくることができます。たねもかるくて、遠くまでとべるため、新しい場しょでなかまをふやすことができます。このような理ゆうで、外来のタンポポのそだつ場しょが広がったのだと考えられています。

第2章

> ちょっとひといき

# かわったタンポポはっけん!

たくさんのタンポポがはえているところで、よく見ると、くきのはばが広くなっていたり、くきの先に、いくつも花がさいていたりするタンポポを見つけることがあります。

ふつうのタンポポ。

くきがくっついてしまっているタンポポ。

1本のくきに、花が2つもついているタンポポ。

## ほかのしょくぶつでも、はっけん!

タンポポのほかにも、アキノノゲシや、アレチマツヨイグサなど、いろいろなしょくぶつで、このようなことがおこります。

ふつうのアキノノゲシ。

くきのはばが、とても広くなっているアキノノゲシ。

# 第3章 わた毛のひみつ

花がさいた後は、白いふわふわのわた毛ができます。
わた毛の根元には、小さなたねがついていることを知っていますか？
わた毛はどのようにできるのでしょう。
そして、小さいたねはどのような形をしているのでしょう。
わた毛には、たくさんのひみつがかくされています。

# わた毛の成長

黄色い花から、まっ白なわた毛にかわるタンポポ。
花がさきおわった後の花の中では、何がおこっているのでしょうか。

## わた毛がのびていく

たねと、わた毛の間にある、くびれたぶぶん。ここがのびて、わた毛が成長していきます。花がさいていたときは、みじかいですが、花がとじて、わた毛がひらくまでの間に、ぐんぐんのびていきます。

**わた毛**
何本もの細い毛が、たねから四方八方にのびている。

**かん毛え**
たねとわた毛の間にあるくびれたぶぶんは、長くのびて柄になる。ここを、「かん毛え」という。

**たね（実）**
わた毛とともに成長していく。

## わた毛の成長のようす

花がさきおわった
ときの花の中。

たねとわた毛の間の
柄がのびた。

たねの色がかわり、
たねとわた毛の間の
柄も少しのびた。

わた毛がひらき、
とばすじゅんびが
できた。

第3章

## たねのひょうめんのギザギザが大きくなった

花がさきおわったばかりの、タンポポのたねのひょうめんは、白っぽく、小さなギザギザがあります。このギザギザが大きくなり、ひょうめんの色が茶色になると、たねがじゅくした合図です。わた毛も広がり、たねをとばすじゅんびがととのいます。

# 雨の日のわた毛

雨の日には、わた毛はとじています。わた毛は、しめったりぬれたりするとおもくなって、風にのってとぶことができません。

## 雨でわた毛がぐっしょり

きりのように細かい水のつぶなら、タンポポのわた毛はとじません。しかし、つぶの大きな雨がたくさんふると、水てきがわた毛をつつみこみ、わた毛はとじてしまいます。

わた毛はひらいている

わた毛はとじている

### さらにくわしく

## 雨がふったつぎの日は…

そだつ場しょを広げていくためには、少しでも自分よりはなれた場しょへ、たねをとばさなければいけません。しかし、雨がふると、タンポポのすぐ下にたくさんのたねがおちます。高いところからおちる雨の力が、わた毛をそのまま地めんにおとしてしまうからです。そだつ場しょを広げるため、たねを遠くへとばしたくても、雨の日にはかないません。

# たねをくらべよう

外来のセイヨウタンポポは、日本のタンポポにくらべてたねが小さく、かるいです。日本のカントウタンポポのたねは、セイヨウタンポポよりも少し大きめです。

### カントウタンポポのたね

カントウタンポポは、ほかの花の花ふんが、めしべにつかなければ、新しいたねができません。また、そのためには、70かぶ以上のなかまが、近くにはえているとあんしんです。たねが遠くまでとばず、自分のなかまの近くにおちるように、カントウタンポポのたねは大きくておもいのです。

### セイヨウタンポポのたね

セイヨウタンポポは、たねをつくるのに花ふんはひつようないので、近くになかまがいなくてもかまいません。たねは小さくてかるいため、風にのって長い時間とべるので、遠くまでたねをはこぶことができます。こうして、自分ひとりで、なかまをふやしていけるのです。

**ちょっとひといき**

# たねを遠くにはこぶくふう

しょくぶつの多くは、たねでなかまをふやします。
しかし、しょくぶつは自分ではうごけないので、風やどうぶつ、水など自ぜんの力によって、遠くまでたねをはこんでもらいます。
たねのはこばれ方は、しょくぶつごとにいろいろなくふうが見られます。

## わた毛をつくるたね

タンポポのように、わた毛をつかってたねを風にのせます。
風でたねをとばすしくみはタンポポのたねと同じです。

花

**ムクゲ**（アオイ科）

にわにうえられていることが多く、7月から9月に花をさかせます。たねがじゅくすると、たねをつつんでいたぶぶんがわれ、金色のみじかい毛がふちにびっしりとはえた、ゆがんだハート形のような形のたねが出てきます。

木のみきにからんではえていることが多く、5月から6月に花がさきます。さきおわると、細長いインゲンマメのような実をつけます。実がじゅくすと、たてにわれ、中から、毛がついた細長いたねが出てきます。

**テイカカズラ**（キョウチクトウ科）

花

## ススキ（イネ科）

日当たりのよい野原や、道ばたなど、いろいろな場しょにはえています。8月から11月にかけて、小さくて黄色い花をつけます。秋がおわるころ、わた毛をつけた実が、ススキのほに、たくさんつきます。

ススキのほ

花

道ばたや公園、あき地などでよく見かけます。葉の形や、黄色い花、わた毛などは、タンポポに、にています。タンポポには、わた毛とたねの間に長い柄がありますが、オニタビラコにはなく、たねから直せつわた毛がはえているように見えます。

## オニタビラコ（キク科）

花

日当たりのよい野原によくはえていて、ほかのしょくぶつなどにつるをからませて成長します。花がさきおわると、先がすぼまった、ふくろのような実をつけます。実がじゅくすと、たてにさけて、たねが出てきます。たねは平べったく、長いまっ白なわた毛がついています。

## ガガイモ（ガガイモ科）

第3章

51

# つばさがあるたね

風にのってたねをはこぶ方ほうには、たねについているつばさが、プロペラのようになり、回てんしながら、遠くまでとんでいくものもあります。

公園や、道ぞいによくうえられ、5月から6月にかけて花がさきます。たねのまわりがへらのようにうすくのびて、つばさになり、クルクル回りながらゆっくりおちます。

## ユリノキ（モクレン科）

花

## シナノキ（シナノキ科）

公園や道ぞいによくうえられ、6月から7月に花がさきます。実はじゅくすと5つにさけ、ボートのような形をしたつばさになります。たねがついているところを中心に、回りながら、ゆっくりおちます。

## アオギリ（アオギリ科）

花

お寺によくうえられています。花は6月にたれさがるようにつき、つけ根に、つぼみをつつんでいた葉がついています。この葉が、かわいてつばさになり、たねをつけて、ヘリコプターのプロペラのように、クルクル回りながら風にのってとびます。

花

# くっつくたねなど

どうぶつにくっついてはこばれる、しょくぶつのたねもあります。どうぶつにはこんでもらうたねのひょうめんは、ギザギザしていたり、ベタベタしています。

道ばたや、川の近く、野原など、いろいろな場しょにはえ、8月から11月に花がさきます。たねのひょうめんは、先がまがったとげでおおわれています。このとげで、人のふくや、どうぶつの毛にくっつきます。

**オオオナモミ**
（キク科）

花

**ジャノヒゲ**
（ユリ科）

公園やあき地、道ばたなど、いろいろな場しょにはえています。たねは、水でしめるとベタベタします。また、せたけがひくく、人や車にふまれやすくなっています。そのため、くつのうらや、タイヤなどにたねがくっついて、遠くまではこばれます。

花

**オオバコ**
（オオバコ科）

花

森や林の中にはえます。花がさきおわると、青い実をつけますが、ツグミやレンジャクなどの鳥に食べられてしまいます。いったん食べられても、しょうかされなかったたねが、ふんといっしょに外に出されるので、たねまきをすることになるのです。

## 水にながれるたね

雨や川など、水のながれでたねがはこばれる、しょくぶつもあります。水にながれるたねは、水にうかびやすくなっていたり、くさりにくくなっているものがあります。

**ヤマネコノメソウ（ユキノシタ科）**
花

しめった林の中にはえていて、3月から4月に花がさきます。たねがじゅくすと、たねが入っているぶぶんがひらいて、うつわのようになります。そこに雨つぶがおちると、たねがうつわからあふれます。

## 自分でたねをとばす

風もどうぶつも水もつかわず、たねをとばすしょくぶつもあります。たねをつつんでいたぶぶんが、かんそうしてちぢむ力で、たねをはじきとばします。

**カラスノエンドウ（マメ科）**
花

日当たりのよい、はたけや野原などで3月から6月に花がさき、エンドウマメのような実をつけます。実がじゅくすと、かわいたかわがねじれて2つにわれて、たねがとびだします。

**タチツボスミレ（スミレ科）**
花

山の中の草地にはえていて、4月から6月に、むらさき色の花がさきます。実がじゅくすと、かわが3つにわかれ、たねをのせたボートのような形になります。実のかわが、かわいてちぢみ、たねをはじきとばします。

# 第4章

# 根・葉・くきの ひみつ

タンポポが成長するための大切なやくわりをもつ、根、葉、くき。タンポポのくきの中や、ふだん土にかくれている根には、どんなひみつがあるのでしょうか。
ギザギザとしたタンポポの葉の形やつき方には、どんないみがあるのでしょうか。

# タンポポをささえる根

土の上に出ているタンポポは、花も小さく、せもひくめです。しかし、土の下にかくれている根は、土の上に出ている葉よりもずっと長く、ふかいところまでのびています。

## 根の大切なやくわり

しょくぶつの根は、土の中の水やよう分をすいあげたり、葉でつくったよう分をたくわえる場しょになっています。タンポポの根は長く、たくわえることができるよう分も多くなり、冬の間も、根によう分をたくわえつづけます。たくさんのよう分を根にたくわえているおかげで、花がおられてしまったり、葉をつみとられてしまっても、根がのこっていれば、また葉をつけ、花をさかすことができます。

① たねが土の上におちてから4日後、根がのびはじめた。

### さらにくわしく
#### 太い根と細い根

タンポポの根には、太い根と細い根があります。しゅ根は、まっすぐ下にむかってのびる太い根で、そのしょくぶつの根の中心となります。そっ根は、しゅ根からえだわかれしてのびていく、細い根のことです。

### さらにくわしく
### 根によう分をたくわえる、ほかのしょくぶつ

タンポポと同じように、根によう分をたくわえておくことのできるしょくぶつとして、クズやサツマイモなどがあります。どちらも、野さいなどとして人に食べられています。根によう分をためておくため、えいようがたっぷりです。

クズ

サツマイモ

→ **2**
めを出して4か月たった根。まっすぐ下にのびているしゅ根の横から、みじかくて細いそっ根が出てきた。

→ **3**
土の上に出ている葉の数がふえ、だいぶ成長してきた。根の太さもさいしょにくらべて太くなってきた。

→ **4**
花をさかせるころの根は太く、地中ふかくまで土にはっている。しゅ根から出ているそっ根の数もふえ、よこに広がっている。

第4章

# こんなに大きいタンポポの根

タンポポの根は、同じように道ばたにはえているほかの野草の根よりも長く、だいたい30センチメートルから50センチメートルはあります。中には、100センチメートルより長くなるものもあります。

## 本当の根の大きさと同じです。

## とても太い根!

ほかの野草とくらべると、長さだけでなく、根の太さもちがうことがわかります。ほかの野草の根の太さが、5ミリメートルほどなのにくらべると、タンポポの根はその2倍くらいあります。根をほりだして、タンポポの根と、ほかの野草の根の太さをくらべてみましょう。

タンポポの根のせんたいじゃしん。深く、まっすぐ根をのばしている。

## 小学1年生のしんちょうの半分くらい！

タンポポの根は、小学1年生の子どもの、こしやせのあたりまでの長さがあります。

小学1年生のへいきんしんちょうは、110センチメートルぐらい。

### まがりくねった根

タンポポの根はふつう、土の下にまっすぐくのびていますが、そだつ場しょによっては、まがりくねった根になります。土をさがして根をのばしていくため、コンクリートでおおわれた道ばたなどの、土が少ない場しょや土の中に石の多い場しょでは、おれ右の絵のように、そのままのびていくものもあるのです。

さらにくわしく

第4章

# 葉の形はいろいろ

## そだつ場しょでかわる葉の形

タンポポの葉は、そだつ場しょのかんきょうや、きせつのうつりかわりなどで、葉の形がちがってきます。日かげが多い場しょでそだったタンポポには、葉の数が少なく、あまり切れこみがない葉をつけるものがあります。切れこみが少ないと、葉のめんがふえ、太ようの光をたくさん葉にあびることができるのです。はんたいに、日当たりのよい場しょでは、切れこみがふかい葉になります。

### さらにくわしく

### ギザギザの葉のよいところ

タンポポの葉の多くは、ギザギザして切れこみがあります。この切れこみがあるため、葉がかさなっていても、そのすきまから太ようの光がさしこみます。となりにはえたタンポポと葉がかさなりあっても、切れこみから太ようの光がさしこむので、どの葉にも光が当たります。

## 夏は葉に光が当たりにくい

しょくぶつは、そだつためのよう分を、太ようの光と二さんかたんそと水をつかってつくります。太ようの光が強い夏は、しょくぶつが元気にそだつきせつです。しかしタンポポは、せがひくいので、まわりのせの高いしょくぶつに光をさえぎられてしまい、それほどよう分をつくれません。

> 夏のタンポポは、まわりにはえているほかのしょくぶつにかくれて見えない！

第4章

## 葉の数をへらして夏をやりすごす

> 秋になると、葉をたくさんつけたタンポポが見えた！

太ようの光をあびることができないときに、エネルギーをつかうのはもったいないので、タンポポは夏になると、葉の数をへらします。そして、ほかのしょくぶつが元気をなくし、少なくなる秋になると、たっぷりと光をあびて、よう分をたくさんつくります。夏に、葉の数をへらすのは、日本のタンポポでよく見られます。

# 冬のタンポポ

タンポポは、葉をつけたまま冬をこします。タンポポの葉は、それぞれの葉がかさなりあわないように葉を広げ、地めんにはりついて、冬のさむいきせつをのりこえます。

## かわった葉のつき方

地めんにはりついて、みじかいくきを中心に、まるく広がるようにつく葉のつき方を、「ロゼット」といいます。上の葉と下の葉がかさなりあわないように、少しずつずれてついています。長いくきを、上から地めんにおしつぶしたような形をしていて、くきがとてもみじかいことがロゼットのとくちょうです。タンポポも、このロゼットの形をしていて、くきは葉にかくれて見えません。

**本当のくきはここだよ！**

葉
くき
根

タンポポの葉から下のぶぶんを、半分に切ったしゃしん。

まるでせが高いしょくぶつを、上からおしつぶしたような形！

## 水分をうしなわないくふう

タンポポの葉は、地めんにはりついたようなすがたをしているため、風にあまり当たりません。そのため、風によって葉から水分がとばされにくくなっています。

## さむさにもたえる

タンポポは、くきがとてもみじかいので、たくさんの葉が根元にあつまります。そのため、外がわの葉がかれても、その葉が内がわの葉をつつみこむようになるので、生きている葉を、さむさや、かんそうからまもります。

### さらにくわしく

**ロゼットを見つけよう！**

道ばたやあき地などは、ロゼット形のしょくぶつを見つけやすい場しょです。そういう場しょでは、しょくぶつは人にふまれやすくなりますが、ロゼット形のしょくぶつはくきがみじかく、じょうぶなため、人にふまれてもたえることができます。タンポポのほかには、オオバコやノギランなどがあります。また、冬の間だけロゼットで、花をさかせるじきになると、くきがのびてロゼットではなくなるしょくぶつもあります。

オオバコ

ノギラン

第4章

**ちょっとひといき**

# 光をたくさんあびるためのひみつ

しょくぶつにとって、太ようの光は成長に大切なもののひとつです。
そのため、太ようの光をたくさんあびるくふうは、
いろいろなしょくぶつで見つけることができます。

**葉の角どをかえる**

多くのしょくぶつは、よりたくさん太ようの光をあびるために、葉とくきをつないでいる柄のぶぶんをまげて、葉を太ようの光のほうへむけようとします。太ようの場しょは、時間がたつにつれて、少しずつかわります。朝、光をあびていても、時間がたつと光が当たるむきがずれてしまい、朝と同じ葉の角どのままでは、光をあびるりょうがへってしまいます。そのため、太ようのうごきに合わせ、光を一番うけやすいむきになるよう、葉の角どをかえるのです。

# どうして光がひつようなのかな？

どうぶつは自分でうごき、食べることでえいようをとりこみますが、しょくぶつはそれができません。そのかわりに、太ようの光と、空気中の二さんかたんそ、根からすいあげた水をつかって、葉でよう分をつくります。こうしてできたよう分で成長していきます。

## 葉がかさなりあわないようにする

葉にまんべんなく太ようの光が当たるように、1本のくきの葉のつき方にも、くふうがあります。葉がつく場しょをかえ、少しずつずれてついています。上からしょくぶつを見てみると、葉がかさなりあわないようになっているのが、よくわかります。

## えだをのばしていく

しょくぶつの成長にひつようなよう分は、葉でつくられます。そのため、葉がたくさんあるほうが、よう分がふえてよく成長できます。しょくぶつは、上にのびるだけでなく、えだわかれしてよこにものびていきます。えだをよこにのばすことで、葉が太ようの光を多くあびることができます。

木を下から見あげると、たくさんのえだがよこにわかれてのびているのがよくわかるよ！

第4章

# 花のくきがからっぽなわけ

タンポポの花がついているくきの中は、からっぽです。なぜ、くきの中がからっぽなのか、まだはっきりとはわかりません。今のところ、くきがかるいほうが根元で花をささえやすいことや、くきをつくるためのエネルギーをあまりつかわずにすむなどの理ゆうが考えられています。

## この白いしるの正体は？

タンポポのくきを切ると、白いしるが出てきて、さわるとベタベタします。これは「ラテックス」とよばれる、ゴムの成分をもつしるで、葉を切っても出てきます。このしるは、空気にふれるとかたまるため、くきや葉のきずついたところから、ばいきんが入るのをふせいだり、きずをかためてなおしたりするやくわりがあると考えられています。

### さらにくわしく

### タンポポからゴムがつくられる？

ロシアタンポポというタンポポの根から、タイヤのゴムをつくることができる、というけんきゅうがはっぴょうされました。タイヤのゴムは、ゴムノキや石ゆからとりだした成分でつくられています。ゴムノキは、東南アジアのねったい地いきでしかそだてられませんが、ロシアタンポポはほかの気こうの地いきでもそだつので、いろいろな場しょにうえることができます。これからもっとけんきゅうされることで、タンポポのタイヤの車が走るようになるかもしれません。

### 白いしるを出すしょくぶつは、ほかにもあるよ！

ゴムノキという木からとれるしるは、タイヤのゴムの原りょうとしてつかわれる。

サポジラという木からとれるしるは、チューインガムの原りょうにつかわれる。

第 5 章

# そだてよう！かんさつしよう！

たくさんのタンポポのひみつがわかったら、自分たちでそだててかんさつしてみましょう。タンポポはどのように成長していくのかや、成長の中で見られるひみつなどをしらべてみましょう。

# タンポポをそだてよう！

タンポポのわた毛を見つけたら、たねをいくつかとっておき、そだててみましょう。春にたねをつける日本のタンポポは、気おんが高い夏には、めを出さなくなるため、気おんが高くてもめを出す、セイヨウタンポポのほうがよいでしょう。

## たねからそだてよう

**1** 小ざらにしいただっしめんの上に、たねをおく。

> だっしめんは、いつもしめらせておき、かわかないように気をつけよう。

> 5日ほどでめが出てくるよ。

**2** めが出てきたら、うえ木ばちにうえかえる。

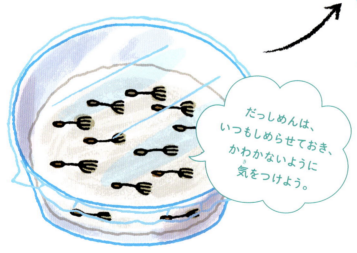
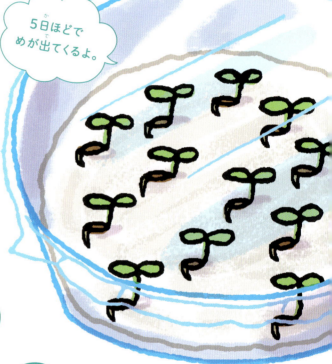

---

### さらにくわしく

#### たねからめが出る日数などをしらべよう

日本のタンポポと、外来のタンポポの2しゅるいのたねをあつめることができたら、めを出したたねの数、めを出すのにかかった日数、葉を出すまでの日数などにちがいがあるか、しらべてみましょう。日本のタンポポは、田んぼや、はたけなどでよく見つけることができます。

# かんさつしてみよう！

タンポポが成長していくところを自分の目でかんさつしましょう。
くきのうごきや、葉の大きさがかわっていくようすなどをよく見ると、
はっけんがたくさんあります。

## 花けいの成長をかんさつしよう！

タンポポの花けいは、一ぶがよくのびて、成長していきます。花けいのどのぶぶんが一番のびるのか、花がさきおわって、たねをとばすまでの間、花けいののび方をかんさつしてみましょう。

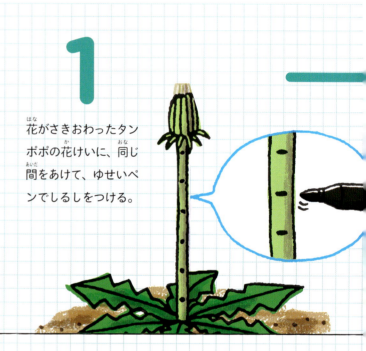

**1** 花がさきおわったタンポポの花けいに、同じ間をあけて、ゆせいペンでしるしをつける。

## 葉の成長をかんさつしよう！

子葉が出た後のタンポポの葉は、1まい目、2まい目、3まい目とだんだん切れこみがふかくなり、葉の数がふえるにつれて、大きくなっていきます。タンポポが成長するにつれてかわる葉の形をかんさつしましょう。

**1** 葉が成長したら、葉のうらに白い紙をあて、葉のふちにそって、えんぴつで形をなぞる。

### さらにくわしく

### 根からタンポポをそだててみよう！

タンポポの根を切りとり、葉に近いほうに、ゆせいペンでしるしをつけておきます。根を切りとるときは、カッターをつかいましょう。

> カッターでけがをしないように気をつけましょう。

しめらせただっしめんの上に、根をおく。

葉に近いほうから、新しいめが出てくる。

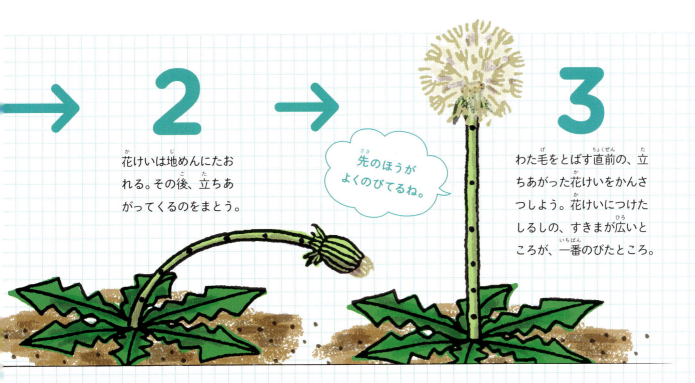

**2** 花けいは地めんにたおれる。その後、立ちあがってくるのをまとう。

> 先のほうがよくのびてるね。

**3** わた毛をとばす直前の、立ちあがった花けいをかんさつしよう。花けいにつけたしるしの、すきまが広いところが、一番のびたところ。

**2** その後も、新しい葉が出てきたら、葉のふちにそって形をなぞり、葉の形がかわっていくようすをくらべる。

### 葉をくらべてみよう！

日かげにはえているタンポポでも、葉の形がかわっていくようすをかんさつしてみましょう。日当たりがよい場しょにはえているタンポポと、日かげにはえているタンポポでは、葉の形にどんなちがいがあるのでしょう。

日当たりがよい場しょにはえているタンポポ

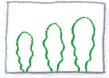
日かげにはえているタンポポ

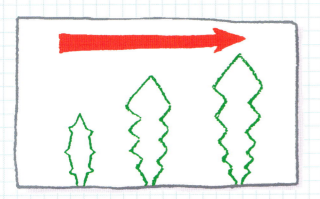

第5章

# かんさつしたことをまとめよう！

> 何をかんさつしたか
> わかるように、
> だいめいをつける。

タンポポのめばえのかんさつ

8月1日（金）12:05 晴れ

> かんさつした日にちと
> 時間、かんさつした
> 日の天気を書きこむ。
>
> たねからのめばえや、つぼみから花がひらくとき、花の1日のうごきなどをかんさつするときは、気おんも入れておきましょう。ほかのタンポポでも、同じかんさつをしたとき、気おんによってちがいがあるのか、くらべることができるからです。

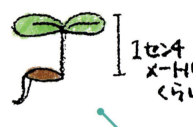

1センチメートルくらい

> かんさつしたものが
> 小さい場合は、ぜんたいの
> 絵とはべつに、大きく
> した絵をかいてもよい。

> かんさつしたタンポポが、どんな形をしているか、
> どんな色をしているか、細かいところまで
> じっくり見て、ノートに絵をかく。

タンポポをたねからそだてたようすや、タンポポの成長のかんさつではっけんしたことを、ノートにまとめてみましょう。
ノートにまとめると、タンポポがかわっていくようすが、よくわかります。

○ たねをまいてから6日目、たねから葉が出てきた。

○ 10つぶまいて、7つぶでてきた。

○ めは1センチメートルぐらいですごく小さい。

> かんさつして、わかったことを文にまとめて書く。

気づいたこと

葉は丸くてよく見かけるタンポポの葉とはちがう。

> ほかに気づいたことや、気になったことを書きこんでおくと、後でしらべるときにやくに立つ。

# タンポポマップをつくろう！

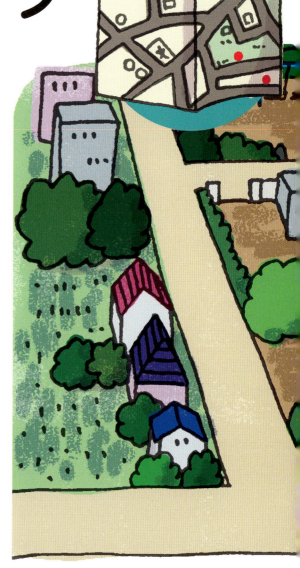

**タンポポマップづくりにひつようなもの**

- カメラ
- 地図
- しょくぶつの図かん
- 虫めがね
- ひっき用ぐ

しらべる場しょの地図は、市やくしょや、くやくしょなどにといあわせて、もらえるか聞いてみよう。

## [ しらべ方 ]

- ● 日本のタンポポ
- ○ 外来のタンポポ
- □ そのほかの草花

**1** 地図にかきこむためのマークをきめる。

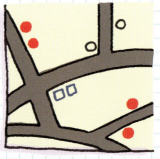

**2** 地図にどのタンポポがさいていたか、マークを入れる。

田んぼやはたけなど、ほかの人の土地に入ってしらべたいときは、その土地をもっている人に、入ってよいか、たずねましょう。

自分のすんでいる家のまわりや学校の近くに、どんなタンポポがはえているか、しらべてみましょう。タンポポは、しゅるいによってはえている場しょにちがいがあります。どんなタンポポが、どんな場しょにはえているか、地図にかきこみ、まとめましょう。

### もっとくわしくしらべよう！

タンポポがさいている場しょを、きせつごとにかんさつしてみましょう。1年を通してくらべると、日本のタンポポと外来のタンポポの成長のちがいがよくわかります。

タンポポのようすをカメラでしゃしんにとっておくと、後でべんり。

## [ しらべたことのまとめ方 ]

地図にかきこむのとはべつに、どんな場しょにはえていたか、文にまとめて書く。

コンクリートの道ろのわき
・セイヨウタンポポ…5かぶ

公園
・セイヨウタンポポ…10かぶ

野さいばたけ
・カントウタンポポ…12かぶ
・セイヨウタンポポ…2かぶ

あき地
・セイヨウタンポポ…7かぶ

ビルのまわり
・なにもはえていない

**ちょっとひといき**

# タンポポちょうさ

「公益社団法人 大阪自然環境保全協会」というグループは、いろいろな地いきにすんでいる人といっしょに、日本のカンサイタンポポと外来のセイヨウタンポポとアカミタンポポがはえている場しょや数を、5年ごとにしらべています。それぞれのタンポポの数をしらべると、その場しょのかんきょうのへんかを知ることができます。

**かつどうのようす**

## 自ぜんとふれあい、人と人ともつながる

このタンポポちょうさには、子どももおとなも、多くの人がなかまになってしらべています。一人でさんかする人もいれば、グループでさんかする人たちもいます。いろいろな年代のいろいろな人どうしで力を合わせてしらべるタンポポちょうさは、そこにすんでいる人たちのつながりをふやすきっかけになります。また、地いきのかんきょうを知ることにもやくに立つのです。

# タンポポが教えてくれること

日本のタンポポがたくさんはえている場しょは、自ぜんがのこされている場しょであるといえます。タンポポちょうさで日本のタンポポがたくさんはえている場しょが見つかれば、そこは、かんきょうをまもっていったほうがよい場しょです。

このタンポポちょうさは、大阪ではじまりました。今ではしらべる地いきを近畿地方、中国地方、四国地方、九州地方の一ぶまで広げています。

## 日本のタンポポをまもっていくかつどう

東京都の「光が丘カントウタンポポのなかま」のグループのみなさんは、光が丘公園の一ぶで、今では数が少なくなったカントウタンポポがそだちやすいかんきょうを、まもるためのかつどうをしています。カントウタンポポがそだちやすいかんきょうは、ほかのたくさんのしょくぶつにとってもそだちやすい場しょです。カントウタンポポをまもることは、いろいろなしょくぶつをまもることにも、つながっているのです。

第5章

# さくいん

## あ

| | |
|---|---|
| アオギリ | 52 |
| 青花(あおばな) | 7 |
| アカミタンポポ | 41, 76 |
| アキノノゲシ | 44 |
| アゲハ | 39 |
| アレチマツヨイグサ | 44 |
| ウスギタンポポ | 9 |
| エゾタンポポ | 9 |
| オオオナモミ | 53 |
| オオバコ | 53, 63 |
| おしべ | 32, 34, 35, 39 |
| オニタビラコ | 51 |

## か

| | |
|---|---|
| ガガイモ | 51 |
| がく | 32 |
| 花(か)けい | 4, 18, 19, 70, 71 |
| 花(か)ふん | 13, 35, 38, 39, 43, 49 |
| カラスノエンドウ | 54 |
| かん毛(もう)え | 46 |
| カンサイタンポポ | 8, 33, 40, 76 |
| カントウタンポポ | 9, 40, 49, 77 |
| キク | 6, 33 |
| キク科(か) | 33, 51, 53 |
| キビシロタンポポ | 8 |
| キリギリス | 39 |
| クズ | 57 |
| クロナガアリ | 24 |
| 黒花(くろばな) | 7 |
| コアオハナムグリ | 39 |
| コガネムシ | 39 |
| コスモス | 6, 33 |
| ゴムノキ | 66 |

## さ

| | |
|---|---|
| ざっしゅ | 41 |
| サツマイモ | 57 |
| サポジラ | 66 |
| シナノキ | 52 |
| シナノタンポポ | 9 |
| ジャノヒゲ | 53 |
| しゅ根(こん) | 56, 57 |
| 子葉(しよう) | 27, 28, 29, 70 |
| 小花(しょうか) | 32, 34, 35, 39 |
| しろたんぽ | 7 |
| シロバナタンポポ | 8 |
| ススキ | 51 |
| 成長(せいちょう) | 51, 64, 65 |
| 成長(せいちょう)(タンポポ) | 11, 14, 15, 18, 26, 28, 30, 34, 46, 47, 57, 69, 70, 73, 75 |
| セイヨウタンポポ | 8, 9, 27, 33, 40, 41, 49, 68, 69, 76 |

舌じょう花 ……………………………… 32
そうほうへん ………………………… 40, 41
そっ根 ………………………………… 56, 57

## た

タカネタンポポ ……………………………… 9
タチツボスミレ ……………………………… 54
たね ………………………… 43, 50, 51, 52, 53, 54
たね（タンポポ）………………………… 18,
　22, 23, 24, 25, 26, 27, 35, 38, 39, 41,
　43, 46, 47, 48, 49, 68, 69, 70, 72, 73
タンポポちょうさ …………………………… 76, 77
タンポポマップ ……………………………… 74
チョウ ………………………………………… 38
テイカカズラ ………………………………… 50
頭じょう花 …………………………………… 32
トウカイタンポポ …………………………… 8, 9

## な

ノアザミ ……………………………………… 33
ノギラン ……………………………………… 63

## は

ハナアブ ……………………………………… 38
花め ………………………………………… 11
ヒマワリ ……………………………………… 6, 33
ヒメジョオン ………………………………… 6
ふきづめ ……………………………………… 7

紅花 ……………………………………… 7

## ま

実 ……………………………… 50, 51, 52, 53, 54
実（タンポポ）………………………… 23, 46
ミツバチ ……………………………………… 38
ミヤマタンポポ ……………………………… 9
ムクゲ ………………………………………… 50
めしべ ………………………… 32, 34, 35, 39, 49
めばえ …………………………………… 26, 27, 72
モウコタンポポ ……………………………… 8
モンシロチョウ ……………………………… 38, 39

## や

ヤマネコノメソウ …………………………… 54
ユリノキ ……………………………………… 52
よう分 …………… 18, 28, 29, 30, 56, 57, 61, 65

## ら

ラテックス …………………………………… 66
ロシアタンポポ ……………………………… 66
ロゼット ……………………………………… 62, 63

## わ

わた毛 ………………………………… 4, 50, 51
わた毛（タンポポ）………………… 15, 18, 20, 21,
　22, 23, 24, 25, 32, 46, 47, 48, 68, 71

### 監修
**小川 潔**（おがわきよし）
1947年東京都生まれ。東京大学理学部卒業。博士（農学）。東京学芸大学名誉教授。「しのばず自然観察会」代表幹事。自然保護運動や環境ボランティア、環境教育の研究・実践を継続中。著書に『たんぽぽさいた』（新日本出版社）、『日本のタンポポとセイヨウタンポポ』（どうぶつ社）、『タンポポとカワラノギク』（共著、岩波書店）、『自然保護教育論』（共編、筑波書房）ほか。

### 写真
久保秀一

### イラスト
瀬戸 照／すみもとななみ／高橋悦子

### 写真・写真協力（順不同・敬称略）
小川 潔／森田竜義／アマナイメージズ／アフロ／フォトライブラリー／ピクスタ／青森県立自然ふれあいセンター／公益社団法人 大阪自然環境保全協会／日本タンポポらぼ

### 装丁・本文デザイン
株式会社コンセント（荒尾彩子・白川桃子・浦田貴子・伊藤有里）

### 編集
株式会社ネイチャー＆サイエンス（三谷英生・室橋織江・山下佐知子）

### 編集協力
佐藤俊江

---

# タンポポのずかん

初版発行　2015年1月　　第2刷発行　2015年8月

監修　　小川 潔

発行所　株式会社 金の星社
　　　　〒111-0056　東京都台東区小島1-4-3
　　　　電話 03(3861)1861（代表）　FAX 03(3861)1507
　　　　ホームページ http://www.kinnohoshi.co.jp
　　　　振替 00100-0-64678

印刷　　株式会社 廣済堂
製本　　牧製本印刷 株式会社

NDC479　80P　28.7cm　ISBN978-4-323-04136-0

©Nature & Science,2015
Published by KIN-NO-HOSHI SHA,Tokyo,Japan
乱丁・落丁本は、ご面倒ですが小社販売部宛にご送付ください。
送料小社負担にてお取り替えいたします。

JCOPY （社）出版者著作権管理機構 委託出版物
本書の無断複写は著作権法上での例外を除き禁じられています。
複写される場合は、そのつど事前に（社）出版者著作権管理機構
（電話 03-3513-6969、FAX 03-3513-6979、e-mail: info@jcopy.or.jp）の許諾を得てください。

※本書を代行業者等の第三者に依頼してスキャンやデジタル化する
　ことは、たとえ個人や家庭内での利用でも著作権法違反です。